Angelika Kipp

Weihnachtliches Drüber & Drunter

Themenketten aus Tonkarton

frechverlag

Von der bekannten Autorin Angelika Kipp sind im frechverlag zahlreiche weitere Weihnachtstitel erschienen. Hier eine Auswahl:

TOPP 1970

TOPP 1969

TOPP 2236

TOPP 2105

TOPP 2237

TOPP 2106

Zeichnungen: Berthold Kipp

Fotos: frechverlag GmbH + Co. Druck KG, 70499 Stuttgart; Fotostudio Ullrich & Co., Renningen

Auflage: 5. 4. | Letzte Zahlen
Jahr: 2001 2000 1999 98 97 | maßgebend

frechverlag GmbH + Co. Druck KG, 70499 Stuttgart

ISBN 3-7724-2235-7 · Best.-Nr. 2235

Druck: frechverlag GmbH + Co. Druck KG, 70499 Stuttgart

Hier geht's drüber und drunter - und das zur Weihnachtszeit! Ein Durcheinander herrscht jedoch nicht in diesem Buch, denn die Motive werden ordentlich zu Ketten aneinandergereiht. Sie bringen weihnachtliche Stimmung in Ihre Wohnung und schmücken Fenster, Wände und Türen.

Einige Themenketten bestehen aus drei unterschiedlichen Motiven, die zueinander passen: Stern, Engel und Weihnachtsbaum sind einfach nicht wegzudenken, wenn man Heilig Abend feiern will. Manchmal wird ein Thema variiert, so daß man beispielsweise sehen kann, wie fit und agil der Nikolaus ist: Er steht stramm, läuft und sitzt und das bei einem einzigen Fensterbild!

Wenn Sie möchten, können Sie Ihre Themenketten beliebig verlängern, rechts und links weitere Ketten hinzufügen oder andere Motive miteinander kombinieren. Hier sind Ihrer Phantasie wirklich keine Grenzen gesetzt!

Viele Themenketten sind schnell und einfach nachzubasteln, so daß auch kleine Kinder schon mithelfen können, damit zu Weihnachten bei Ihnen alles drüber und drunter geht!

Viel Spaß beim Basteln und eine schöne Weihnachtszeit wünscht

Angelika Kipp

Arbeitsmaterial

- ★ *Tonkarton (in verschiedenen Farben erhältlich)*
- ★ *Architekten- oder Transparentpapier*
- ★ *Dünne Pappe*
- ★ *Bleistift, Radiergummi*
- ★ *Filzstift in Schwarz*
- ★ *Wackelaugen (Teddys, S. 28/29)*
- ★ *Locher (Lebkuchen, S. 10)*
- ★ *Schere, Bastelmesser mit Schneideunterlage*
- ★ *Kreis- und Ellipsenschablone*
- ★ *Kreisschneider*
- ★ *Lineal*
- ★ *Klebstoff, z. B. UHU Alleskleber*
- ★ *Nadel*
- ★ *Faden oder Geschenkbänder in verschiedenen Farben*
- ★ *Lochzange*

Tips und Tricks

Gestaltung der Vorder- und Rückseite

Eine frei hängende Themenkette sollte sowohl von der Vorder- als auch von der Rückseite gearbeitet werden; hierzu benötigen Sie die meisten Teile in doppelter Ausführung.

Die Teile für die Rückseite werden spiegelverkehrt ausgeschnitten und in der gleichen Reihenfolge wie auf der Vorderseite angebracht.

Deckungsgleiches Kleben und Aufmalen

Die Rückseite sollte bei hellem Tonkarton absolut deckungsgleich zur Vorderseite geklebt und bemalt werden, da heller Tonkarton vor Fenstern durchscheint.

Stellen Sie zunächst die Vorderseite des Motives mit allen Teilen her, und drücken Sie dann die Bastelarbeit bei Tageslicht auf eine Fensterscheibe.

Die durchscheinenden Kanten der einzelnen aufgeklebten Teile zeigen genau, wo die Teile und Linien auf der Rückseite deckungsgleich geklebt bzw. aufgemalt werden sollten.

Das Aufhängen

Es gibt mehrere Möglichkeiten, die Bilderketten aufzuhängen.

Sie können zwischen dem altbewährten Faden, einem Klebeband (auch doppelseitiges Klebeband), einem Geschenkband oder einer dünnen Kordel wählen.

Wenn Sie einen Faden verwenden wollen, balancieren Sie das Motiv zwischen Daumen und Zeigefinger aus, bis Sie die richtige Stelle gefunden haben, an der das Teil gerade hängt. Mit einer Nadel stechen Sie dann einige Millimeter vom Rand entfernt in den Tonkarton ein Loch und ziehen den Faden durch. Wenn Sie Ihre Themenkette mit einer Kordel oder einem Band aufhängen wollen, stanzen Sie die benötigten Öffnungen mit einer Lochzange (kleinstes Loch) aus. Es kann ebenfalls ein schmales Geschenkband mittig von hinten an alle Motive geklebt werden. Auf dem Vorlagenbogen sind bei allen Motiven die Einstechlöcher eingezeichnet.

Schritt für Schritt erklärt

Diese Arbeitsschritte gelten für alle Motive in diesem Buch:

★★★★★ **1.** ★★★★★

Legen Sie Architekten- oder Transparentpapier auf das ausgewählte Motiv auf dem Vorlagenbogen, und übertragen Sie mit einem Bleistift alle benötigten Einzelteile ohne Überschneidungen.

★★★★★ **2.** ★★★★★

Das bemalte Transparentpapier wird auf eine dünne Pappe geklebt, und die Einzelteile werden ausgeschnitten. Fertig sind die Schablonen! Dann erstellen Sie alle benötigten Motivteile, indem Sie die Schablonen einfach auf Tonkarton der gewünschten Farbe legen, mit einem Bleistift deren Konturen umfahren und dann die einzelnen Teile ausschneiden.

★★★★★ **3.** ★★★★★

Nun zeichnen Sie alle schwarz markierten Stellen und gepunkteten Linien (s. Vorlagenbogen) mit einem schwarzen Filzstift auf. Zum Schluß werden die Einzelteile zu dem gewünschten Motiv zusammengefügt. Das Foto und die Vorlage geben Ihnen dafür Positionierungshilfen.

Lebkuchen-männer mit Herz

In der Weihnachtszeit sind Lebkuchenmänner nicht wegzudenken.
Zeichnen Sie das Gesicht, die gepunkteten Linien und schwarz markierten Stellen (s. Vorlagenbogen) auf. Als Knöpfe dienen Tonkarton-Mandeln.
Jeder Lebkuchenmann erhält die dazugehörige Pfeife, die Sie nach Belieben aufkleben können.
Haben Sie nicht auch ein Herz für diese freundlichen Herren übrig? Wenn ja, dann hängen Sie zwischen jeden Lebkuchenmann ein großes, rotes Tonkarton-Herz!

Weihnachts-kugeln

Diese rot leuchtenden Weihnachtskugeln sind eine wunderschöne Dekoration nicht nur am Weihnachtsbaum - hier schmücken sie das Fenster.
Fügen Sie die beiden Schleifenteile zusammen. Dann erhalten die Kugeln ihre gelben Muster (Sterne usw.) sowie das Verschlußteil.
Bevor Sie die Themenkette fertigstellen, hängen Sie die Weihnachtskugeln am Schleifenband auf.
Sie können die Kugeln natürlich auch an einen Faden, eine Schnur usw. hängen. Die dazu benötigten Aufhängepunkte sind auf dem Vorlagenbogen markiert.

Glockengeläut

Diese Glocken sind mit Weihnachtsmotiven gefüllt.
Hängen Sie die Glocken an die Schleifen, die mit Sternen verziert sind.

Engelscharen

Diese hübschen Engel und die Sterne brauchen nur ausgeschnitten zu werden, und schon können Sie Ihr Weihnachtsfenster mit dieser stilvollen Themenkette verschönern.

Lebkuchenzeit

Beim Anblick dieser vielen lekkeren Gebäckstücke bekommt man gleich großen Appetit auf Lebkuchen.
Zeichnen Sie, nachdem alle Teile ausgeschnitten wurden, bei der Brezel und bei den Schleifen alle gepunkteten Linien (s. Vorlagenbogen) mit einem schwarzen Filzstift auf. Dann fügen Sie die zweiteiligen Schleifen zusammen und befestigen diese am Gebäck. Die Lebkuchenteile werden mit Tonkarton-Mandeln oder mit kleinen beigefarbenen Zuckerkreisen, die mit Hilfe eines Lochers ausgestanzt werden, verziert.
Diese Leckereien können Sie sowohl mit Klebeband als auch mit einem Faden aufhängen.
Die benötigten Einstechpunkte sind auf dem Vorlagenbogen angegeben.
Na dann: Guten Appetit!

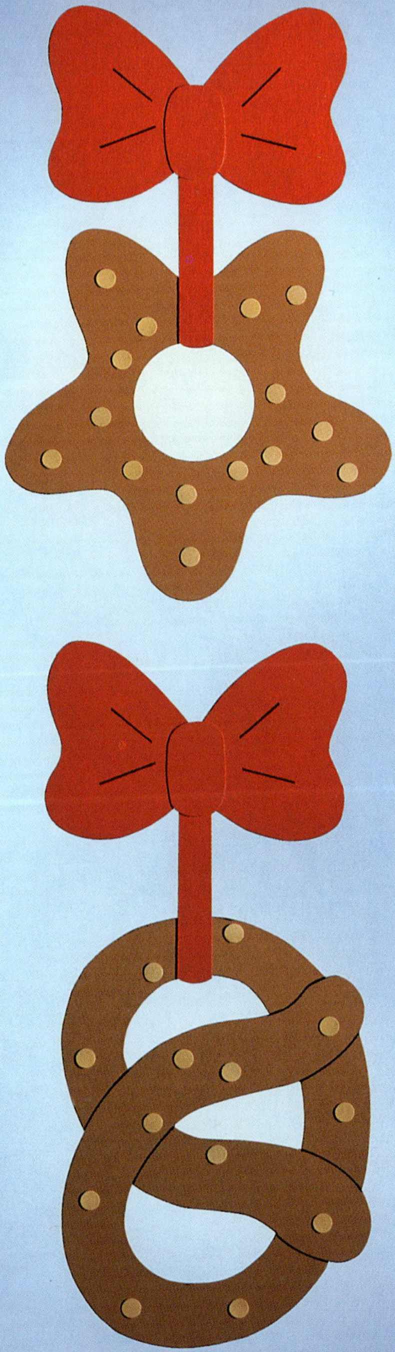

Weihnachtliche Klänge

Diese Themenkette mit Noten ist nicht nur für Musikliebhaber ein schönes Geschenk, sie erinnert auch an die schönsten Weihnachtslieder.
Dekorieren Sie die Noten mit den grünen Ilex-Blättern, und legen Sie die roten Beeren dazu.

Vom Himmel hoch ...

Hier oben zwischen den Wolken ist das Reich der Engel. Zeichnen Sie den Engeln das Gesicht und alle gepunkteten Linien (s. Vorlagenbogen) mit einem schwarzen Filzstift auf. Das Kleidchen wird mit dem Kragen und den Sternchen versehen. Nun werden die Hände und die Flügel von hinten am Kleid fixiert. Fügen Sie das Gesichts- und das Haarteil zusammen, und plazieren Sie das Kopfteil auf dem Kleid. Die Engelchen fühlen sich zwischen den mit je einem Stern beklebten Wolken sichtlich wohl!

Heute kommt der Nikolaus!

Menschenkinder, stellt eure Stiefel vor die Tür, der Nikolaus kommt heute nacht!
Seid ihr auch alle brav gewesen?

Für alle Motive gilt:

Zeichnen Sie die Augen und alle gepunkteten Linien (s. Vorlagenbogen) auf. Das Gesicht erhält die rote Nase und den zweiteiligen Schnurrbart und wird dann auf das Bart-/Mützenfell gesetzt (außer beim Nikolaus von der Seite).
Plazieren Sie das fertig gearbeitete Teil am Mantel.

Nikolaus von vorne

Als erstes fixieren Sie die weißen Mantel- und Ärmelfelle.
Die Händchen und die Stiefel werden dahinter plaziert, und der Pompon wird aufgeklebt.

Nikolaus sitzend

Die rechte Hand wird unter dem Ärmel fixiert. Auf dem Körper werden das Mantel- und Ärmelfell sowie der Pompon plaziert. Kleben Sie dann den rechten Arm und die Stiefel auf.

Nikolaus von der Seite

Kleben Sie die Hände unter den rechten Ärmel bzw. auf den Mantel, und ergänzen Sie den linken Ärmel samt Mantelfellen.
Zum Schluß werden das Gesichtsteil, der Pompon und die Stiefel fixiert.

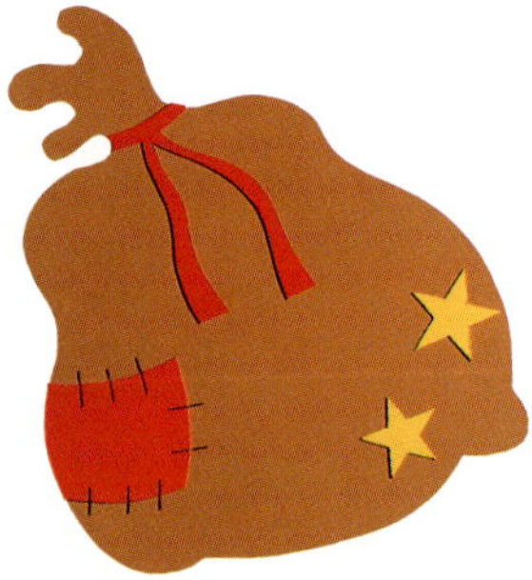

Weihnachtskränze (Abbildung S. 16)

Kränze sind oft eine schöne Dekoration für Türen, und diese werden bestimmt nicht nadeln!
Fügen Sie die dreiteilige Schleife zusammen, und plazieren Sie diese auf dem mit Sternen besetzten Kranz. Zwischen die Kränze werden einzelne Sterne gehängt.

Weihnachts-kränze

(Anleitung S. 14)

Nikolaus-utensilien

Diese Dinge braucht der Nikolaus, bevor er sich auf den Weg zu den Kindern macht.

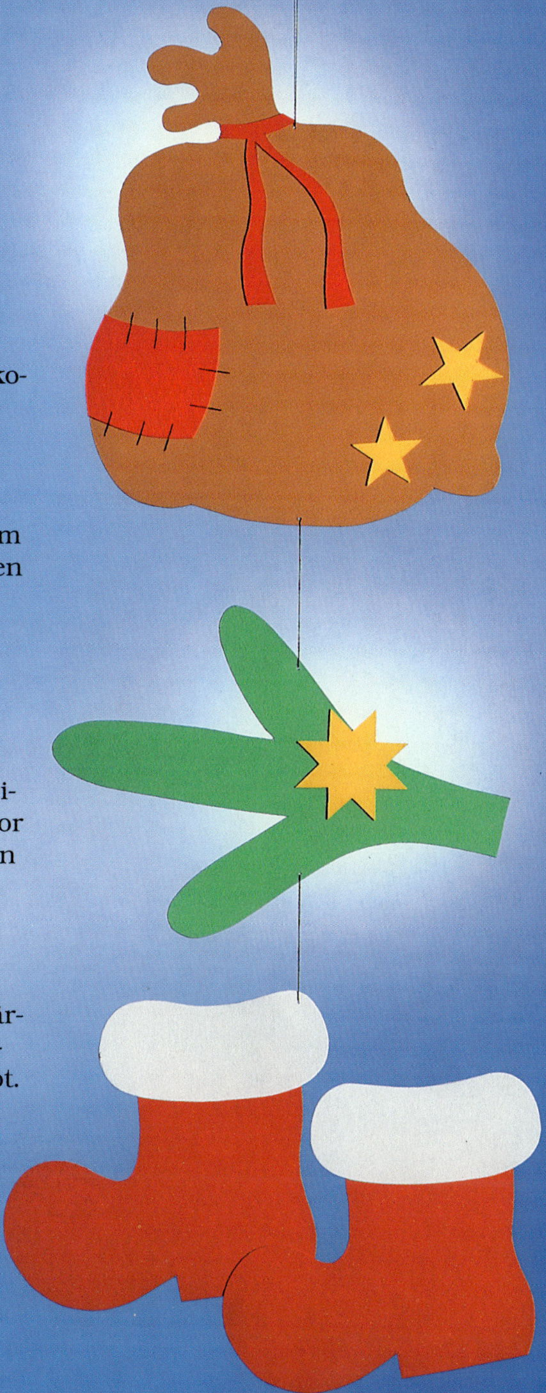

Sack

Den Sack binden Sie mit dem Band zu, und bringen Sie den Flicken und die Sterne auf. Die Flickennähte sind mit einem schwarzen Filzstift aufgezeichnet.

Tannenzweig

Der Tannenzweig wird mit einem Stern geschmückt, bevor er zusammen mit den beiden anderen Motiven eine Themenkette bilden kann.

Stiefel

Die Stiefel benötigen den wärmenden Fellbesatz und werden dann aneinandergeklebt.

Fröhliche Weihnachten!

Bei solch einer netten Dekoration am Fenster oder an der Wand hält weihnachtliche Stimmung in Ihrer Wohnung Einzug.
Es gibt verschiedene Möglichkeiten, diese Motive aufzuhängen (s. „Das Aufhängen", S. 4).
Wenn Sie einen Faden verwenden wollen, stechen Sie die auf dem Vorlagenbogen angegebenen Punkte mit einer Nadel ein.

Weihnachts-stimmung

Stern, Tannenbaum und Engel, diese drei Symbole sind untrennbar mit dem Weihnachtsfest verbunden.

Stern

Der gelbe Stern wird ausgeschnitten und nicht dekoriert.

Tannenbaum

Der Tannenbaum wird mit gelben Sternen geschmückt.

Engel

Zeichnen Sie die gepunktete Linie bei den Füßen (s. Vorlagenbogen) auf. Das Gesicht wird hinter dem Engelhaar, die Flügel und das Fußpaar werden unter dem sternenbesetzten Kleid und die Hand unter dem Ärmel befestigt. Plazieren Sie zuletzt das Ärmel- und Kopfteil auf dem Kleid.

Viele schöne Geschenke!

Was mag sich wohl in diesen vielen Päckchen befinden? Zeichnen Sie alle gepunkteten Linien (s. Vorlagenbogen) auf. Die entsprechenden Pakete werden mit Schleifenbändern, Schleifen und Sternchen verziert.

Weiße Weihnacht

Auch wenn draußen kein Schnee liegt - mit diesen Motiven, die einfach nur aus Tonkarton ausgeschnitten und dann über- und untereinander gehängt werden, erleben Sie auf jeden Fall eine weiße Weihnacht.

Nußknacker

Für diesen kernigen Burschen gibt es gibt so manche harte Nuß zu knacken!
Zeichnen Sie die Augen des Nußknackers und alle gepunkteten Linien (auch bei den Nüssen; s. Vorlagenbogen) auf.
Die Uniformjacke erhält die grünen Schulterteile, die Knöpfe sowie die Ärmelaufschläge.
Die Hose mit den aufgesetzten Stiefeln wird unter die Jacke gesetzt. Das Gesicht bekommt die Nase, den Schnurrbart sowie das Zahn- und Bartteil aufgeklebt und wird auf das Haarteil gesetzt.
Setzen Sie dem Burschen seinen vierteiligen Hut auf, und verbinden Sie die Körperteile.
Wenn nun noch die Nußpaare zusammengefügt und mit den Nußknackern an ein Band, z.B. gelbes Geschenkband, das von hinten mittig angeklebt wird, gehängt werden, kann die harte Arbeit beginnen.

Weihnachts-glocken

Diese Glocken läuten die Weihnachtszeit ein. Plazieren Sie die Schleifen und die Klöppel an den Glockenformen. Die Sterne komplettieren diese Themenkette.

Sternen-glanz

Diese unterschiedlich gemusterten Sterne wirken allein durch ihre Schlichtheit.

Mond und Sterne

(Anleitung S. 28)

Die vierte Kerze brennt

Wenn alle vier Kerzen brennen, ist Weihnachten nicht mehr weit.
Zeichnen Sie alle gepunkteten Linien (s. Vorlagenbogen) und die Dochte auf. Nun werden die Flammen und das Tannengrün auf die Kerzen aufgebracht, rotes Geschenkband mittig von hinten fixiert, und schon erhellen die vier Kerzen Ihren Raum.

Mond und Sterne

(Abbildung S. 26)

An kalten Wintertagen ist der Himmel oft sternenklar, und der Mond und die Sterne funkeln am Firmament. Eine Vielzahl dieser ausgeschnittenen Motive wirkt am Fenster sehr stimmungsvoll.
Sie können weitere Ketten rechts und links anfügen und sie beliebig verlängern.

Weihnachtsteddys

Auch Teddybären können es kaum erwarten, daß das Weihnachtsfest beginnt.

Für alle Teddybären gilt:
Zuerst werden die Nase, der Mund und alle gepunkteten Linien (s. Vorlagenbogen) aufgezeichnet. Die Teddys erhalten dann ihr Schnauzenteil, die Wackelaugen (ø 7 mm) und die Innenohrteile. Gegen die Kälte wickeln Sie jedem Tonkartonbären einen roten Schal um.

Teddy mit Kerze
Fügen Sie die beiden Kerzenteile zusammen, und plazieren Sie diese auf dem rechten Arm. Die Pfote wird zuletzt auf die Kerze gesetzt.

Teddy mit Geschenkpäckchen
Das Geschenk wird mit einer Schleife und einem Stern geschmückt. Fixieren Sie den rechten Arm so am Päckchen, daß die Pfote es berührt, und bringen Sie dann den Arm samt Geschenk am Körper des Teddys an.

Teddy mit Stern
Der Stern wird auf der linken Pfote fixiert.

Alle Bären werden auf ein Geschenkband geklebt; dabei sollte das Band von hinten mittig auf jeder Figur fixiert werden.

Fröhliche Weihnachten!

Geschmückte Weihnachtsbäume

Diese Tannen sind mit vielen verschieden großen Sternen festlich geschmückt. Ein gelber Stern wird jeweils zwischen den Weihnachtsbäumen befestigt, damit die Bescherung bald beginnen kann.

Nikolaus-strümpfe

Diese Strümpfe und ihre Besitzer warten darauf, vom Nikolaus süße Gaben zu erhalten.
Fixieren Sie den Sockenbund und die bunten Zehen- und Fersenteile. Jeder Strumpf erhält sein Muster und das Ilex-Blattgrün mit den roten Beeren. Die Punkte des mittleren Sockens werden mit Hilfe eines Lochers ausgestanzt. Zuletzt werden die zweiteiligen Sterne zwischen die Strümpfe gehängt.
Hier wurde für die Aufhängung ein blaues Geschenkband verwendet.

Von ganz groß bis ganz klein

Diese Sterne sind – der Größe nach geordnet – ein attraktiver Tür-, Fenster- und Wandschmuck.